自宅でできる
一流の靴磨き

監修
静 邦彦（株式会社R&D 常務取締役）

日本文芸社

JN032921

足に合った靴を
履いている足は
歳をとらない

（サルヴァトーレ・フェラガモ）

Before

After

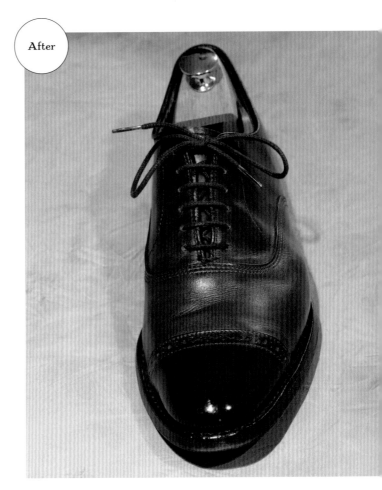

良い靴を履きなさい
良い靴は、
履き主を良い場所へ
連れて行ってくれる

（イタリアの諺）

Introduction

はじめに

　路上で靴を磨いている靴磨きのおじさんやおばさんを見かけることも、最近では少なくなってきました。終戦後から高度経済成長期の日本を足元から支えてくださってきた、尊敬すべき私たちの大先輩です。

　そんな職人の方々が靴磨きをする際に使っていたのが、平べったい缶入りの油性ワックスです。油性ワックスとは一体何なのでしょうか。実はこれはロウと少量の油だけで作られているツヤ出しや防水効果を与える商品なのです。

　実際には、天然皮革は、人の肌（スキンケア）と同様に、潤いを与えていないと、革が乾燥してひび割れしてしまいます。そんな理由で、靴のお手入れには乳化性クリームといわれる、主に瓶入りの水分が含まれた乳化性クリームが必要になります。

　手順としては、乳化性クリームを塗って革のコンディションを整えてから、油性ワックスを使い、美しくきれいに仕上げます。注意点は、油性ワックスは潤いを皮革に与えないので、それだけで磨いていると、革靴の通気性が悪くなり乾燥も進み、ひび割れの原因となります。

　戦後の物資が少なかった時代には、油性ワックスだけでの"靴磨き"がベストな方法だったと思いますが、やはり大切なのは乳化性クリームでスキンケアのように靴をいたわる"靴のお手入れ"です。

　その上で、メイクアップ的な工程である油性ワックスを使っての鏡面磨きなどをお楽しみいただくことで、革靴への愛着がわいてくるはずです。

静 邦彦
（株式会社 R&D 常務取締役）

Contents

Can be done at home
First-rate shoe shine

10年間、靴とつき合うために

晴れた日、雨の日、暑い日、寒い日。日々、厳しい環境にさらされている革靴を労うために、
靴磨きの基本的な手順を覚えましょう。まずは必要な道具、基礎知識について学んでから、
代表的な皮革「スムースレザー（一般的な表革）」を使って解説します。

革の汚れを落とし、
水分と栄養分を与えて磨く
メイクと同じです

「靴磨き」とは本来、それほど難しいものではありません。ただ、お手入れの方法がわからなかったり、やったことがなかったりして、ハードルが高いと思われているだけです。シンプルな基本さえ押さえておけば、どなたでも上手にできます。ここ日本では、路上の靴磨き屋さんや、塗るだけで靴がピカピカになる液体ワックスの流行などから、「靴磨き＝ワックス」というイメージが定着しています。しかし、ワックスだけでは、靴が乾燥し劣化します。それにワックスが目詰まりを起こして通気性も悪くなります。靴磨きを女性のメイクと同じように考えてください。まずクレンジングをして（汚れ、古いクリームやワックスを落とす）、次に保革・ケアをする（水分・栄養分を与える）。最後にメイクして（磨く）仕上げます。革は、元をたどれば動物の肌です。日々肌を労わるように、簡単にでも手をかければ革靴は10年以上でも履き続けられる「相棒」になるのです。

Chapter 1

1 アッパー

靴底を除いた上部(甲)。気候（暑さや寒さ、雨雪など）や衝撃から足を保護し、靴と足を固定する役割があります。

2 ヒール

靴底(ソール)のかかと部分。牛革やゴムなどで構成される。磨耗するので定期的に取り替えなければなりません。

3 羽根

靴紐が取り付けられる部分。爪先側の革の下に潜る「内羽根式」、外側につく「外羽根式」があります。

4 タン

ベロとも呼ばれている。アッパーの一部で羽根の内側にあります。足の甲を包み、ホコリ除けの機能も果たします。

5 コバ

アッパーの縁の部分。アッパーとソールを縫い付ける部分で、靴によってその幅には差があり、汚れが溜まりやすいです。

6 トゥ

つま先のことを指し、補強のために別の皮革で覆われている場合は、そのパーツをトゥキャップと呼びます。

7 ソール

靴底部分のこと。接地するアウトソール、足に触れるインソール、その中間部分のミッドソールで構成されています。

8 ライニング

アッパーの内側のことで、衣服でいえば裏地にあたります。インソールと同様、足に直接触れる部分です。

シューキーパー

11 ページ ▶

馬毛ブラシ

13 ページ ▶

豚毛ブラシ・化繊ブラシ

21 ページ ▶

油性ワックス

27 ページ ▶

水性クリーナー

15 ページ ▶

乳化性クリーム

19 ページ ▶

汚れ除去用布（毛足の短いもの）

15 ページ ▶

磨き布（グローブ型）

23 ページ ▶

Tips for shoe polish | 靴磨き前のアドバイス

場所

暗がりではディテールがわかりづらいので、明るい場所で行うのがよいでしょう。靴を手に取りやすい玄関が明るければ問題ありません。ホコリやカビの飛散や、床や壁にクリーム類が付着することがあるので、汚れても問題ない場所やシートを敷くのがベスト。

格好

基本的には、汚れても大丈夫な服装であればなんでもOK。気をつけていてもクリーム、ワックスの飛散は防げません。エプロンをしたり、着古して汚れてもいい服を靴磨き用にしたりするなどの工夫をすれば、気兼ねなく靴磨きに集中できるでしょう。

姿勢

床に直接腰を下ろし、地べたに靴磨き用品を広げて作業をする人も多いかと思いますが、靴磨きには小一時間はかかります。小さなテーブルなどで作業スペースを用意し、腰がかけられる場所で行ったほうが、落ち着いて作業ができますし、靴磨きを楽しむことができます。

靴磨きの準備

何事においても事前の準備が大事。それは靴磨きにおいても同じ。隅々までしっかり磨けるように、邪魔になるもの、具体的には紐やバックル類は外しておきましょう。通し方がわからなくなるかもしれないので、写真を撮ったりメモを取ったりしておくと、後で焦らなくて済むはずです。内部の除菌を済ませて、シューキーパーをセットしたら事前の準備は完了です。

1

紐を外す

靴紐や羽根の下、コバの周り
など細かい箇所にホコリが入
りこんでいます。靴磨きをす
る際は、隅々までケアできる
ように、毎回できるだけ外し
ましょう。

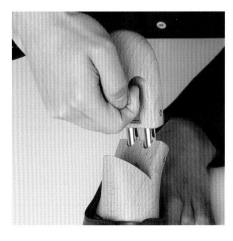

2

シューキーパー
をセット

靴の型くずれを防いでくれる
シューキーパーは、革靴にとっ
て必須のアイテムです。靴磨
きの際に入れておくと形を
キープしてくれるので磨きや
すくなります。

シューキーパー

理想としては、靴ごとにサイズや形があった
ものを選ぶことが好ましいとされています。
無塗装で木製のものは吸湿性があります。

Point

■ シワをよく伸ばす

シューキーパーをセットすることで、シワやヨレを伸ばして細
かい部分まで汚れを落とし、クリームを浸透させられます。
革に張りが出て磨きやすくなることもポイント。

■ シューキーパーのセットの仕方

シューキーパーをセットするときは、本体を180度傾けて回
転させるように挿入すると入れやすいです。強引に入れると
靴の形が崩れるので要注意。

ホコリを落とす

ホコリを落とす際に使うブラシには、毛質が柔らかく、しなやかな馬毛のものが望ましいです。靴の細部まで毛が行き届くように、毛足の長いものを選ぶとよいでしょう。日ごろのケアが行き届いている靴ならば、ホコリを落とすためのブラッシングだけでも履くたびに行うこと。輝きのもち具合が違ってきます。この作業のときに、傷やひび割れがないかもチェックしておきましょう。

細部のホコリを見逃さないように

紐を外した羽根の内側、土踏まずの周辺はホコリがたまりやすい箇所です。パッと見ただけでも、特に汚れが目立つ部分です。ブラシの毛足を大きく使って、ホコリを溝からかき出すようにブラッシングしましょう。この作業は念入りにするように。

馬毛ブラシ

馬毛のように、毛先が細くて柔らかく毛のボリュームのあるものを選ぶようにしましょう。ついでに小回りが利くブラシを持っておくと、より細かい箇所のホコリを落とせるので、小さいサイズも持っておくことをおススメします。

Point

1 見落としがちな場所

コバやパンチングといったくぼみ部分は、靴の中でも特に見落としがちです。ブラシの毛先を使ってしっかりとホコリや汚れをかき出しましょう。

2 ブラシの使い方

ブラシは汚れている箇所で細かく動かすのではなく、靴全体をブラッシングするように大きく動かすのがコツです。こうすると作業時間も短縮できます。

汚れを除去

汚れや、以前に塗ったクリーム・ワックス類を取り除きます。まずは表面をすっきりさせることで、次の工程に驚くほど違いが生まれます。肌が汚れたままメイクをする人はいません。それは革も同じ。クリーム類を塗り重ねると革の通気性が損なわれます。劣化を防ぐためにもとても大切な作業です。日ごろ、過酷な環境にさらされている革靴を労わるように、丁寧に汚れを落としましょう。

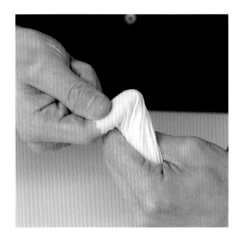

1

布を指に巻く

汚れ落とし用の布を指に巻き
つけます。指1本に巻いた場
合は、細かく繊細なタッチで
拭き取れます。指2本の場合
は、効率よく広範囲に作業
ができます。

水性クリーナー

スムースレザーの洗浄には、皮革に優しい
水性クリーナーを使用しましょう。

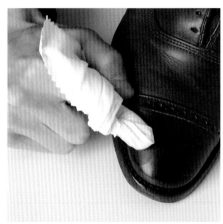

2

クリーナーで
汚れを落とす

水性のクリーナーを布につけ
て、靴表面に残っている古い
クリーム、汚れを拭き取りま
す。クリーナーのつけすぎに
注意。布が湿る程度で充分
です。

汚れ除去用布

できれば、専用の布を購入しましょう。最
悪、自宅にあるボロ布でも大丈夫ですが、
その場合は目の細かいものを。

3

汚れ落としは
スピーディに

素早く細やかに磨くイメージ
を持ちましょう。あまり時間
をかけずに全体の汚れを落
とすように。ただし、強くこ
する必要はありません。

Point

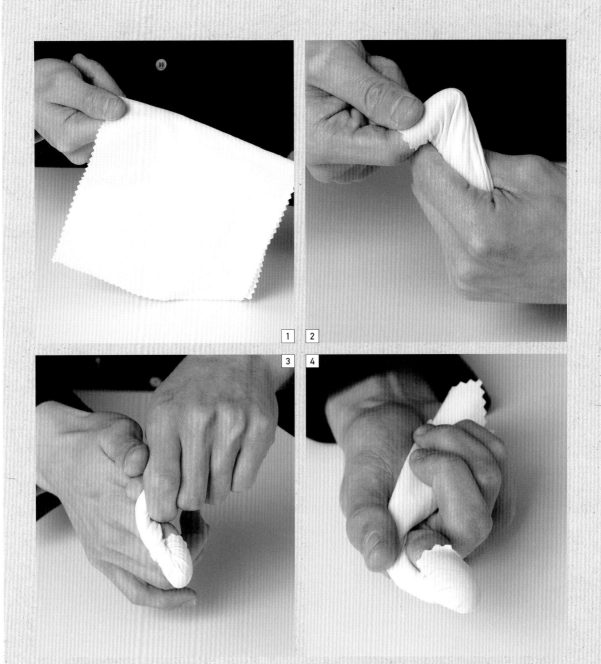

■ 布の巻き方

指1本の場合で解説します。1 利き手（写真では右）の人差し指に布をかけ、下
側をつまむ。2 布にかけた手を手前に返し、布を絞るように締めます。3 手の
甲側に絞った布をまとめます。4 布の余った部分を手に握って完成です。

2 クリーナーの量

クリーナーの量は2〜3滴程度。汚れを落としているうちになくなったら、その都度布の場所を変えながら、クリーナーを足して洗浄しましょう。

3 汚れが落ちた目安

光沢がなくなり、マットな質感になったら汚れと古いクリームが落ちた合図。爪先の左側を見ると、光沢がなくなっています。

栄養を与える（保革）

乳化性クリームによって、革に栄養と潤いを与えます。お手入れの工程の中で、もっとも重要な作業になります。革は油分や水分がしっかりとなじむことで、柔軟性と耐久性が高まります。この作業によって、自然な光沢が生まれるようにもなります。革の中にクリームがしっかりと浸透するように、少し力を入れながら塗りこんでいきましょう。革の乾燥具合などを見ながら量を調節してください。

1

クリームをブラシに付着させる

片方の靴に対して米2～3粒程度を目安に、靴が著しく乾燥している場合は増やしましょう。塗布用ブラシを使うと、布に吸収されず細かい部分にも塗れます。

乳化性クリーム

水分、油分、ロウがバランスよく配合されたクリームで、革に潤いと栄養を与えます。ワックス磨きの前に塗るように。

2

クリームの塗布

かかと部分からなじませるように、靴全体に広げます。クリームが浸透する量は限られているので、厚く塗っても意味はありません。全体が均一になるように塗り広げましょう。

Special item

塗布用ブラシ

布や指よりも効率よく、コバ周りなどの細かい部分まで塗ることができるので、できれば用意してください。

Point

1 細かい箇所もお忘れなく

ついつい見逃してしまいますが、コバの部分やメダリオン（飾り穴）など、細部までクリームが行き渡るように注意しましょう。

2 注意すべき塗りこみ箇所

足の甲の履きジワができる部分や傷などには、とくに念入りに塗りこみましょう。また、タンの内側には塗らないように注意。靴の元の色を確認するために必要です。

クリームをなじませる

靴全体に塗り広げた乳化性クリームを、しっかりと革に浸透させるために豚毛または化繊の
ブラシでブラッシングしましょう。表面に残った余分なクリームを取り除きつつ、靴の形に沿っ
てクリームをなじませるように強めにブラッシング。豚毛や化繊毛などのコシを持つ硬めの毛
質のブラシは、ツヤを出しやすいのでこの工程に最適です。

1

手早く均一にクリームを延ばす

クリームを塗ったら、すぐにブラッシングしてクリームを靴全体に均一に延ばします。間をおくとクリームが乾燥してツヤが出なくなるのでスピーディに。

2

ブラシは大きく使う

全体にクリームが行き渡るように大きくブラッシングしましょう。仕上がりの輝きの8〜9割は、この作業の段階で生まれてくるのでおろそかにしないように。

豚毛または化繊のブラシ

豚毛や化繊毛など、毛が硬くてコシのあるものを選びましょう。ホコリ落とし用とは異なり、ブラシにもクリームが付着するので、使うクリームの数だけあることが望ましいです。

Point

1 すき間にも入れ込む

汚れがたまりやすく傷つきやすいコバ周辺にも忘れずにクリームを入れましょう。指では入り込まない部分でも、ブラシを使えばなじませることができます。

2 履きジワは念入りに

革の乾燥が進むとシワができます。履きジワは、特に念入りにブラッシングすることで靴クリームの成分が革へなじみ、色が抜けることを軽減することができます。

布で磨く

全体にクリームがなじんだら、表面に残った余分なクリームを拭き取りながら磨き布で磨きましょう。そうすることで、通気性が保たれ、表面の細かい凹凸がなくなるので、ホコリや汚れが付きにくくなります。月1回程度の頻度で靴磨きを行えば、靴は驚くほどに長持ちするようになりますし、美しさが長期間保たれます。

1

余分なクリームの拭き取り

革の表面を指で擦ると、拭き取られていないクリームが残っていることがわかると思います。表面がツルツルになるまで、柔らかい布で軽く靴を磨きましょう。

2

仕上がりの見極め方

クリームを拭き取って表面がなめらかになると、革の通気性が向上し、ツヤも鮮やかに出てきます。拭いていて表面に引っかかりがなくなれば仕上がりのサイン。

磨き布（グローブ型）

自宅にある綿のボロ布でもいいですが、できればグローブ型のものなど、靴磨きの仕上げ用の布を用意すると、作業の精度が向上します。

Column

「靴磨き」と「お手入れ」の違い

　ワックスでお手入れをする人、意外と多いのではないでしょうか？　これは大間違いです。ワックスは成分の大半がロウです。これで靴を磨くと確かに靴にツヤが出ますが、革の内部は栄養や水分が足りず乾燥が進みます。靴のお手入れには油分、水分などの革の栄養になる成分がバランスよく配合された乳化性クリームが適しています。ワックスは靴磨き、お手入れは乳化性クリーム、この違いを覚えておきましょう。

仕上げ

ひと通りのお手入れが済んだら、最後に防水スプレーで仕上げましょう。スプレーをすることで
防水力がつくだけでなく、汚れも付着しづらくなります。また、突然の雨で慌ててスプレーをし
た場合でも、必ず30分間は乾燥させましょう。防水成分が定着しないため、そもそもスプレー
をした意味がなくなってしまいます。

鏡面磨き(ハイシャイン)のあれこれ

「鏡面磨き(ハイシャイン)」とは、その名の通り靴を鏡のように顔が映りこむくらいに磨く技術のことです。1980年代の前半、高級紳士靴を扱う専門店では、展示されているサンプルがスタッフによってピカピカに磨かれていました。しかしその後のバブル期になり、なんでも売れるような時代になると、わざわざ手間をかけた売り方をする店は減り、鏡面磨きの習慣は下火になりました。

96年、ある海外のシューケア用品の担当者が来日し、シューケアの実演イベントが開かれました。このイベントで、かつて「鏡面磨き」と呼ばれていた技術を「ハイシャイン」と呼称したことで、失われかけた技術が再び日本に広まりました。

今では様々な靴磨き職人によって技術は進化し、先述のイベントを開いたシューケア用品の企業R&Dでは、オリジナルの鏡面磨き「イルミナシャイン」を生み出し、現在へとつながっているのです。

鏡面磨き① ワックスを塗る

今話題の「鏡面磨き」。つま先部分に油性ワックスを重ね塗りして、革表面の微細な毛穴を埋めるようにコーティングする磨き方です。凹凸がなくなり乱反射が抑えられ、鏡のような光沢が生まれます。コツを覚えれば、どなたでもできる仕上げ方で、本場欧州の「ハイシャイン」という呼ばれ方も有名です。

1

ワックスの適量

油性ワックスは表面の保護と防水の役割を果たします。表面をさっとなでる程度の量を取り、その分量でカバーできる範囲で力を入れずに延ばしながら塗ります。

油性ワックス

皮革の表面の凹凸をワックスで埋めることで、表面がなめらかになり、光沢が生まれる下地になります。

2

ワックスを塗る箇所

油性ワックスを塗るのは、つま先以外では、かかと、つま先とかかとをつなぐサイドの部分。全体に塗ると靴の通気性が損なわれます。傷がつきやすい部分で充分です。

Point

1 布でワックスを塗る場合

16ページの布の巻き方を参考に、指にピンと張るように布を巻きつけます。指の腹をテーブルなどに擦りつけて、布の毛羽立ちをつぶすと作業がしやすくなります。

2 ワックスの塗り方

円を描くように、優しく丁寧に力まずに塗りこむのがコツです。「鏡面磨き」とはいいますが、磨くというよりも左官職人が塗り壁を作る作業を意識すると上手くいきます。

鏡面磨き② 水をつけて磨く

「鏡面磨き」でもっとも重要なのは水です。油性ワックスの上に水を垂らし、濡らした布でさらに磨くとワックスが膜になった感覚が伝わってくるはずです。布は常に濡れている状態を保ちましょう。この作業でもっとも気をつけなくてはいけないのが、水をつけすぎること。水滴を足しながら根気強く作業を続けることで、靴に輝きが生まれてきます。

1

水をつけて磨く

爪先に水を1滴ほど落とし、水を表面で滑らせながら半円を描くように広げます。指先の半分ほどの面積を使って、力を入れずに優しく丁寧に磨き重ねていきます。

磨き布

鏡面磨きでは、できればコットン100%のネル生地で、指に巻きやすいサイズにカットされた布を用意したいところ。専門店には専用布があります。

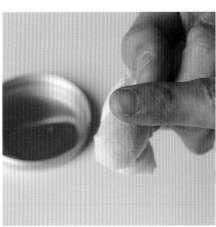

2

追加する水は
1〜2滴程度

水滴が足りなくなったら、1〜2滴程度をたらし、磨き作業を繰り返します。力を入れすぎるとワックスがはがれて光沢が生まれなくなるので、優しく根気強く。

Point

1 注意点

水の過不足は失敗の大きな原因になります。先述の量もお忘れなく。加えて、布の位置を変えてしまうと、ワックスが拭き取られてしまうので注意するように。

2 周辺の磨き

水で磨くタイミングで、かかとやサイドに塗ったワックスをヒールやソール周りにも延ばしていきましょう。つま先の輝きに、靴全体との統一感が生まれます。
※ゴム底の場合を除く。

鏡面磨き③　仕上げ

ワックスを塗る→水で磨く→再びワックスを塗る→再び水で磨く、この作業を何度も繰り返せば、その分だけ輝きは増していきます。納得できる輝きが生まれるまで何度も繰り返しましょう。革の種類や状態にもよりますが、一度の鏡面磨きで、1箇所につき10〜30回程度を目安に。指に引っかかる感触がなくなったら、最後にブラッシングすれば、鏡面磨きの工程は終了です。

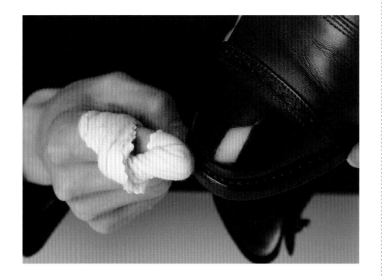

ヤギ毛ブラシ

ヤギ毛は毛質が柔らかく、革の表面を傷つけないので、仕上げのブラシに最適です。工程に合わせてブラシを数本持っておくと、お手入れ・磨きの完成度が上がります。

1 ツヤ出し

ワックス塗布と水磨きを繰り返してツヤが出てきたら、その部分をつぶすように布を横に滑らせていきます。指への引っかかりがなくなるまで、繰り返しましょう。最後に、ごく少量の水滴をブラシの毛先につけて、磨いた部分をならします。磨く際にできた筋が消えて綺麗に仕上がります。ブラシはヤギ毛がオススメです。

Column

革靴の保管方法

革靴を健全に保管するために、「汚れ」「湿気」「高温」に気をつけましょう。必ず汚れを落とし、ケアをします。そして保管をするときは靴の中に木製のシューキーパーや乾燥剤を入れておきます。梅雨や夏など、湿気や汗の影響が出やすい時期は、下駄箱から出して風に当てるようにしましょう。密閉した靴箱は避けたいところですが、靴箱に数箇所穴を開けて通気性を確保すれば大丈夫です。

これが「鏡面磨き」の輝き…

基本の手順
Q&A

Q1
ツヤが出ないのですが、どうすれば出ますか？

A

靴クリームを塗りすぎるとツヤが出づらくなります。ケアをするときは、必ず水性クリーナーで汚れを落としてからにしましょう。前回塗ったクリームに上塗りしないように。

Q2
ブラッシングで傷がつかないの？

A

硬めのブラシでブラッシングしても傷はつかないので安心してください。やわらかいブラシはホコリを払うために使ってください。

Q3
防水スプレーを使うタイミングは？

A

防水スプレーは日が経つと効果を失ってしまいます。履く前日にかけることをおススメします。直前でも30分は乾燥させるように。

Q4
ケアはどれくらいのペースですればいい？

A

あくまで目安ですが、2、3回履いたらクリーナーを使用して表面のクリームを除去し、再度乳化性クリームを塗って、ケアしてください。

Q5
臭いが気になります

A

中敷を2足用意して、毎日交換するだけでも大きな効果があります。さらに除菌タイプの消臭スプレーを使えばより効果的です。

Q6
インソールのお手入れは？

A

固く絞ったタオルなどでしっかり拭いて、汚れや汗の塩分を除去してください。陰干しした後、除菌消臭スプレーをすればよいでしょう。

Q7
靴の水洗いはNGですよね？

A

サドルソープという皮革専用の石鹸があります。汗の塩分は皮革にダメージを与えるので、ぜひ水洗いに挑戦してもらいたいですね。

コードバン

馬のお尻の部分の皮を染色した皮革です。牛革は繊維組織が横（水平方向）に伸びているのに対して、コードバンは縦（垂直方向）に高密度な繊維が詰まっています。そのため、革が丈夫で切れにくく、耐用年数がとても長いことが特徴。また、経年とともに独特の光沢感が生まれてくることも大きな魅力のひとつです。一方、濡れると表面が毛羽立ちやすくなるので、まめなケアが必要です。

1

クリームを塗る

ホコリを落とした後、コードバン用のクリームを布に取り、靴全体に軽く塗り広げます。クリームを浸透させるのではなく、革の上に膜を作るイメージ。

2

仕上げ

柔らかい馬毛のブラシなどで、クリームを靴全体になじませます。その後、柔らかい布で乾拭きをすれば、コードバンのお手入れは完了です。

Special item

コードバン対応クリーム

他の皮革用クリームと比べると、水分が少ないことが特徴。コードバンは、皮革繊維を無理やり寝かせているため、ちょっとした水分の刺激でも繊維が立ち上がってしまいます。水分の代わりに油分が多く含まれるコードバンにも対応したクリームが最適です。

Point

1 シワをつぶす

コードバンは、かがんだときなどにできる横ジワが定着しやすいのが難点。シワをつぶすようにクリームを塗りましょう。靴のお手入れでも力がいる作業です。

2 クリームの量

米2〜3粒程度が目安です。なくなれば適宜足しながら根気よく塗りこみましょう。繰り返すことで仕上がりが変わります。ローションタイプより、クリームタイプがオススメです。

スエード・ヌバック

革を起毛させた皮革で、温かみのある風合いからファンが多い素材です。毛足の長さやきめの細かさなどで表情に違いが生まれます。繊細な素材であるイメージが強いですが、実は雨にも強いのが特徴。毛並みを整えることがポイントになるので、ここまで紹介してきた皮革とは手入れの仕方が違います。使うブラシも磨くためのものとは異なるので、注意しましょう。

1

ブラッシング

真鍮ブラシを使ってホコリを落とします。傷つきそうですが、もともと革を傷つけて起毛させたのがスエード。逆に毛がつぶれた箇所を起毛させることができます。

真鍮ブラシ

金属製のもっとも硬いブラシ。スエード素材のつぶれていた毛を起こさせます。

2

毛並みを整える

様々な方向からブラッシングし起毛させた後、一方向にブラッシングして毛並みを整えます。仕上げに防水と栄養補給のスプレーをして完了です。

スエード用栄養防水スプレー

起毛で水をはじくスエード素材の撥水力をさらに強化するので、できれば専用の栄養防水スプレーは使いたいアイテムです。

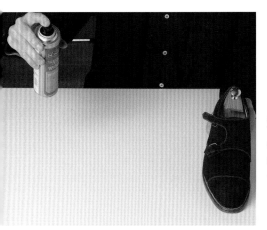

3

栄養と防水

毛並みが整ったら、最後は栄養補給防水スプレーを吹きかけて仕上げます。セットした髪型を固めるイメージでしょうか。防水することでセットが長持ちします。

Point

起毛させるコツ

起毛させるためのブラッシングは、しっかりと手首を返すことを意識しましょう。ブラシの軸を中心に180度回転させるようなイメージで行うとよいでしょう。

エキゾチックレザー

は虫類、鳥類、魚類などから採られるユニークな風合いをもった皮革。クロコダイルやアリゲーター（ワニ革）、パイソン（ヘビ）、リザード（トカゲ）、オーストリッチ（ダチョウ）などの種類があります。大量生産のためにラッカー仕上げをされているものがあり、その場合は靴磨き処理をすると輝きが失われるので、購入時によく確認するようにしましょう。

■ 手順 *process*

1

ホコリを落とす

まずは全体をブラッシングして汚れやホコリを落とします。皮革の種類によっては、うろこの溝などにホコリがたまるので、注意しましょう。

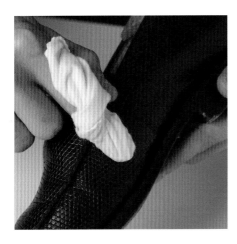

2

クリームを塗る

エキゾチックレザー専用のクリームを塗ります※。ラッカー仕上げの場合は、乾拭きにしましょう。わからない場合は目立たない部分で試してみましょう。

3

仕上げ

クリームが全体になじんだら馬毛などの柔らかいブラシをかけ、ツヤを出した後、布で乾拭きします。

■ 必要なアイテム

> Special item

エキゾチックレザー用クリーム

素材によってウロコであったり、肌であったり異なるので、素材に適したクリームを選ぶように。

馬毛ブラシ

基本の手順と同じように、仕上げでは馬毛のブラシが重宝します。やさしい毛質で傷かつきません。

Point ―――――

必ず専用クリームを使う

エキゾチックレザーの魅力は、素材の質感。光沢を生み出すクリームは専用のものを使うようにしましょう。クリーム、スプレーどちらも効果は同じです。

※注:ワニ革、ヘビ革、トカゲ革などには特殊な加工でツヤを出しているものがあり、専用のクリームを使用してもツヤが消えてしまうことがあります。必ず目立たない部分でテストしてからご使用ください。

エナメル革

表面に樹脂を塗装して光沢感を出した皮革。パテントレザーという呼び方でもおなじみですね。日本の漆塗りをヒントに考案され、アメリカで特許（パテント）が取得されたことが、名前の由来となっています。特別な手入れがなくても輝きがあり、水や汚れをはじくので、オペラパンプスなどのフォーマルアイテムでも重宝されます。ただ、シワや亀裂が入りやすいというデメリットもあります。

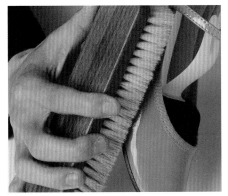

1

ブラッシング①

エナメルは履きジワが深くなることがあります。しっかり伸ばして、傷がつきづらい柔らかいブラシで表面のホコリを落としましょう。細かいところも念入りに。

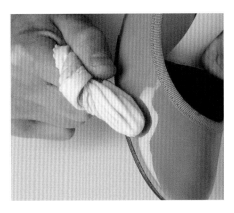

2

ローションを塗る

ローションを全体に均一に塗りましょう。エナメル専用のものを使えば、汚れが落ちるだけでなく、ツヤや輝きが蘇るのでおススメです。

3

ブラッシング②

ローションが均一に塗られたら毛質の柔らかいブラシで全体をブラッシングしてツヤ出しをします。余分なローションを落とす役割もあります。

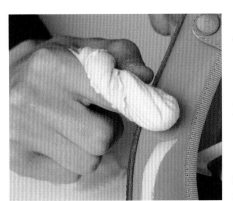

4

乾拭き

よりツヤを出すために乾拭きも行いましょう。汚れが残っていたら、その部分は念入りに、強めに拭いても大丈夫です。最後に乾拭きをして完了です。

Special item

エナメル革用ローション

表面の樹脂を補強するためのローションなので、しっかりとホコリを落としてから使いましょう。

Special item

ヤギ毛ブラシ

エナメルの肌を傷つけないためにもヤギ毛のブラシを使いましょう。

ハラコ

牛の胎児や生まれた直後の仔牛の毛皮で「アンボーンカーフ」とも呼ばれます。アニマル柄で毛が生えていることが特徴で、素材の流通量は多くありません。模した素材や、普通の仔牛・仔馬の皮革をハラコとして販売していることもあります。

■ 手順 *process*

1 馬毛などの柔らかいブラシで、表面のホコリを落としながら毛並みを整えます。手荒くすると毛が抜けるので丁寧に。

2 防水(撥水)スプレーをかけます。全体に散布できるように30センチほど離して吹きかけましょう。

合成皮革

ポリエステルなどの化繊生地の上に樹脂をコーティングし、天然皮革を模して作られたものが合成皮革です。安価かつ丈夫ですが、いわゆる皮革用のクリームは浸透しません。天然皮革のように回復しないので、劣化を遅らせる手入れが基本になります。

■ 手順 *Process*

1 ホコリと汚れを落としたら、合成皮革専用のローションを全体に塗りこみます。

2 仕上げ用のブラシで成分をなじませながら、ツヤを出していきます。最後は柔らかい布で乾拭きをしましょう。

キャンバスシューズ

アッパーが布製、ソールがゴム製の場合が多いです。布は帆布と呼ばれる厚手の平織りされた生地で、画材として使われる「キャンバス」と同じもの。布製なので当然水や汚れは大敵です。特に白色のものは汚れが目立ちます。日ごろからケアを怠らず、きれいに履き続けられるように注意しましょう。

■ 手順 *Process*

1

靴紐を外す

布製なので、表面だけでなく足の汗など内側もいろいろな汚れを吸っています。まずは靴紐を外して、隅々まで洗えるように準備しましょう。

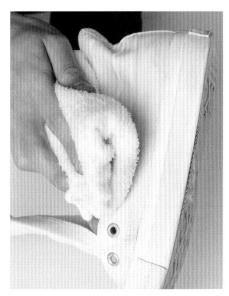

2

タオルで
濡らす

よく濡らしたタオルで、靴全体に水を吸わせます。このとき、アッパーだけでなく、その内側のタンの部分を忘れることのないように注意しましょう。

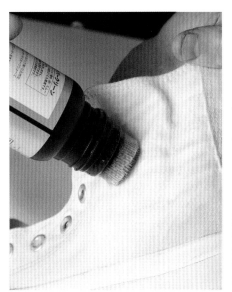

3

シャンプーで
洗浄

靴全体に水気が行き渡ったら、スニーカー用シャンプーで洗浄しましょう。写真のように口がブラシになっているものだと、手軽にスニーカーの洗浄が行えます。

■ 必要なアイテム

Special item

バケツ

スニーカーのケアに水は不可欠です。できることなら、バケツを用意したほうがベターでしょう。

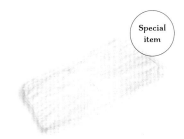

Special item

タオル

必ずしも作業専用のタオルを買う必要はありません。使い古した古タオルを再利用しましょう。

■ 手順続き *Continuation of process*

4

細かいところを
念入りに

ソールとの境目やエンブレム
などのパーツ類といった細か
い箇所が見落とされがちなの
で、念入りに洗浄しましょう。
継ぎ目部分は要注意です。

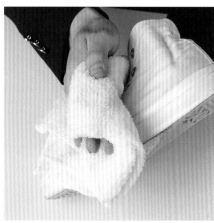

5

汚れを
拭き取る

全体をひと通り洗浄したらタ
オルで汚れを拭き取りましょ
う。全体の水気が取れたら、
陰干しにして乾燥させます。
仕上げの前に、必ず干すよう
に。

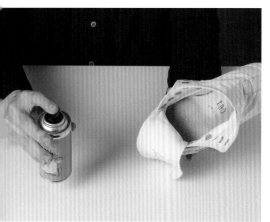

6

仕上げ

靴が乾燥したら、最後に消
臭スプレーを吹きかけて完成
です。スプレーをする際は、
必ず干してからにしましょう。

■ 必要なアイテム

Special
item

スニーカー用シャンプー

靴に付着したガンコな汚れを落とすために
特化した専用シャンプー。きれいに履くた
めには持っておきたいですね。

種類別の手順
Q&A

Q4
ハラコにクリームは使えますか？

A
表面が毛で覆われている皮革なので、クリーム、ワックス類は使えません。防水スプレーなどで保護することがベストです。

Q1
ガラス革とエナメル革の違いは？

A
ガラス革は、なめした革をホーロー板などに貼りつけ乾燥させ、革表面をサンドペーパーで擦り合成樹脂で塗装した皮革。エナメル革は、ウレタン樹脂を吹きつけた皮革です。

Q5
滅多に履かない革靴はどう保管すればいい？

A
水性クリーナーでクレンジングし、栄養補給をします。クレンジングのみですと、栄養分・水分がなくなった状態になりますので、栄養補給をしてからの保管がベストです。

Q2
エナメル革の靴にヒビが入ったけど直る？

A
エナメルは、革の表面に樹脂をコーティングしたような素材ですので、一度ひび割れてしまうと修復することはできません。

Q6
ワックスを使う必要ってなに？

A
ワックスの効果は次の通りです。①光沢感を与える②傷をつけづらくする③防水力を与える。あくまで仕上げ用ですので、その前に乳化性クリームを使用してください。

Q3
ガラス革の靴をブラッシングしても大丈夫？

A
馬毛など柔らかいブラシで、ガラス革の靴のホコリを落とすことは可能です。お手入れにクリームを使用した場合は、ブラッシング後にクロス類で拭きましょう。

Q7
長期間しまっておくときの注意点は？

A
まず、しっかりとクレンジングをすることです。クリームの塗りすぎはカビの原因になるので、デリケートクリームを塗って陰干ししてから保管してください。

靴と長くつき合う方法
外出編

　お気に入りの靴と長くつき合っていくためには、ここまでに紹介した手入れをすることはもちろん、日常の履き方にも気を配る必要があります。ちょっと気をつけるだけで、靴の寿命は格段に延びます。とはいえ、別に難しいことをするわけではありません。人によっては、習慣的にやっているほど、当たり前で簡単なことです。

　大雑把に言えば、靴を傷めるような扱い（踏んだり、引っ張ったり、水浸しにしたり）するような状況は避けるということ。もう1点、大切なことは、1日履いたら休ませること。ローテーションを組むために、最低3足は持っておきたいところですね。

　当たり前のことでも、気遣いを持って靴と接することが大切です。そうすれば、きっと靴は持ち主の気持ちに応えてくれるはずです。

必ず靴ベラを使う

足をスムースに入れることはもちろん、かかと周りの型くずれを防ぐためにも、靴ベラを使いましょう。無理に履こうとすると、かかとを踏んだりつま先をトントンとして履いてしまったりと、靴の寿命を縮める原因になります。

毎回、靴紐をほどく

靴紐をゆるめて脱ぎ履きする人は多いと思いますが、靴紐をほどかずに脱ぎ履きすると靴が傷む原因になります。また、紐がゆるいと足とのフィットが悪くなり、足が靴の中で動いて靴が傷みます。

3足以上でローテーション

同じ靴を続けて履くことを避けましょう。靴が乾くのに2日かかるところ、毎日履くと湿気のダメージが蓄積します。中2日休ませるためにも3足以上でローテーションを組みましょう。

雨の日専用の靴を持つ

濡れた革を乾かすのには時間がかかり、カビやシミの原因になります。雨の日専用の靴が1足あればこのようなことは避けられます。革靴で選ぶなら表面がコーティングされているガラス革のものがおススメです。

靴と長くつき合う方法
帰宅編

靴を履くときの心得を理解したら、次に覚えておきたいのが、日々のお手入れです。

何も難しいことではなく、靴を脱いだらホコリを落として乾燥させ、シューキーパーを入れて保管する、という簡単なものです。この作業を日ごろの習慣にするとシワや型くずれを防いでカビの発生を抑えてくれて、長期間にわたって美しさを保ったまま靴を履くことができます。これに加えて、先述の基本のお手入れを月1回程度行えば、大切な靴は10年以上でもつき合っていける「相棒」になってくれます。さらに、湿気がこもりがちな靴棚は、たまに風を通すことで、カビや臭いの発生を抑えることができるので、日ごろのケアとしては万全です。

脱いだらホコリを落とす

1日履いただけでも、靴はホコリまみれになってしまいます。そのままにしておくと汚れがたまり、カビの養分となります。靴を脱いだら必ずブラッシングをしてホコリを落とす習慣をつけましょう。

ひと晩、乾燥させる

足は1日でコップ半分ほどの汗をかくといわれています。たっぷりと水分を吸った靴を乾かすためには、脱いですぐ靴棚にしまわず、そのまま置いておくとよいでしょう。風通しのよい場所があれば、よりベターです。

シューキーパーを入れて保管

ひと晩おいてから、履きジワやソールの反り返りなどを防ぐためにシューキーパーを入れて靴棚にしまいましょう。木製のシューキーパーは吸湿性があるので、乾き切らなかった水分も吸収してくれます。

保管場所の注意

靴を収納する場所は、風通しが悪く湿気がこもりやすいことが多いです。オープンラックならよいですが、そうでない場合は、ときどき扉を開けて風を通したり、吸湿剤を利用したりと湿気対策を心がけてください。

大切な靴がトラブルに遭ったら

雨ジミ、カビ、キズ、大切にしていた虎の子の1足がトラブルに遭ったら…。
想像したくもない事態ですし、人によっては捨てることもあるかもしれません。でも待ってください。
あなたのそのトラブル、もしかしたら解決できるかもしれません。

「革靴の水洗いダメ、絶対！」その固定観念、実は間違いです

靴がトラブルに遭ったとき、ちょっとしたコツを知っていれば現状回復ができます。雨ジミを例にとりましょう。日本では革靴の水洗いはタブーとされてきました。革が濡れてから乾くと硬くなってしまいますし、革の中に染み込んだ汗や汚れが表面に浮き出てシミになります。靴屋さんによっては、「この靴は雨の日には履かないでください」とアドバイスすることもあるのだとか。革靴の雨ジミは靴底から上がってきてコバの周りなどにできやすいです。アッパーよりも接地しているソールから水を吸い上げてくるからなんですが、こうなったときにやってもらいたいことは、靴全体をタオルなどで濡らすこと。全体を均一に濡らすと、部分的なシミになりません。乾いたら、汚れを落として、クリームを塗るという基本のケアをする。これだけで応急処置としては充分。専用の石鹸（サドルソープ）で洗うこともできますし、靴が濡れることはそんなに怖いことではないんです。

Chapter 2

カビ・シミの仕組み

きちんと手入れをしていても、傷がついたりカビが生えたり、靴にはトラブルがつきものです。

トラブルの代表例といえば「カビ」と「シミ」。どちらも雨に濡れたときに起こりやすいので、革靴を持っている人の中でも多くの方の悩みになっています。人によっては、それが原因で靴を捨ててしまう人がいるかもしれません。

しかし、その発生の仕組みを知っていれば、トラブルを未然に防ぐことができますし、いざトラブルが起きても慌てることはないでしょう。また、自分で予防や補修を行えば、その靴への愛着が増すはずです。完全にトラブルを防げなくても、日常のお手入れや対策をしながら知識や経験を積むことで靴とその文化に、より親しみを覚えるはずです。

少しずつでも、靴とケアへの理解を深めていきましょう。

カビ

カビの真菌は空気中にいて、条件がそろえばどこにでも生えます。温度5〜35℃、雨や汗などの水分、汚れやクリームなどの栄養分、酸素がその条件になります。この条件のなかでは湿気を絶つことが最善の対策といえるでしょう。

対処法

カビが生えてしまったら、まず表面のカビを不要な布で払いましょう。これだけでは、革の内部の菌を除去できないので専用のカビクリーナーで洗浄・除菌します。カビがいるのは目に見えるところだけではないので、表面、内側、底まで処理しましょう。

シミ

革にできたシミは、水に濡れて革の中の色素が動き、色ムラが生まれたり油分が付着したりすることで発生します。革の内部で起こることなので、水やクリーナーを革に含ませてムラを希釈・拡散することで解消します。

対処法

雨ジミは水拭きをして革に水分を含ませて、シミをぼかしていきながら解消します。シミを靴全体に散らすイメージで。油ジミにはクリーナーでの強めの拭き取りが有効。汚れ落としだけでなく、シミをぼかす効果もあります。

Point

靴の水洗いについて

長年、皮革には「水はNG」という固定観念がつきまとっています。靴を買うときも「この靴は濡らさないでください」といわれることもあります。しかし、皮革専用のサドルソープを使い、正しく水洗いすれば、靴は長い期間、清潔に保てます。

もし、カビが
生えたら

梅雨や夏になったら、靴にカビが生えていた…なんてことは、革靴にはよくあることです。カビの菌が革の繊維の深部に固着すると、いくら表面のカビを取り除いても時間を置いたらまた生えてきます。思い切って水洗いをしても、カビの大好物・水分を与えるだけで、ますます元気に繁殖してしまうかもしれません。カビの除去・再発防止には、適切なケア用品を選び、適切な作業をする必要があります。

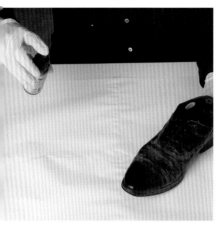

1

カビ
クリーナー
を塗布

靴全体がビショビショに
なるくらいに、皮革用の
カビクリーナーを塗布。
皮革の深部にいるカビ
菌まで、クリーナーを浸
透させてください。

2

カビを
拭き取る

靴全体にクリーナーが
行き渡ったら、カビを
拭き取ります。シワや
コバなどの細かい箇
所の奥にカビが入り込
んでいるので、見逃さ
ないようにしましょう。

3

細かい
ところも拭く

羽根の内部やタンなど、
靴の内側にも、カビは入
り込んでいます。目に付
かなくても、靴全体から
細部までくまなく拭き取
るようにしましょう。

4

仕上げ

仕上げに再度カビク
リーナーを全体に吹き
かけましょう。このとき
も、革の奥のカビ菌を
除去できるようにたっ
ぷりと。この後、5〜7
日ほど陰干しをします。

■ 必要なアイテム *Must Item*

Special
item

皮革用カビクリーナー

カビに水拭きをしてはいけません。カビの
範囲が広がってしまうかもしれないので、
専用のクリーナーを使いましょう。

Point

■1 塗布量の目安

クリーナーはどれくらい塗ればいいのか?
明確な分量はありませんが、写真のように
全体が黒光りするくらいの量が目安になり
ます。

■2 防菌対策は万全に

飛び散るカビの胞子を吸い込まないように
必ずマスクをしましょう。また、作業中に
手に付着しないように使い捨ての手袋があ
ればベターです。使用した布などは処分し
てください。

雨ジミの対処方法

革に染み込んだ水分や油分が作るシミは、薄い色の靴では特に目立ちやすいです。ワックスや靴クリームの油分である程度防ぐことができるものの、一度できてしまうと普通に洗っても落とすことができず、泣く泣く諦めた人もいるのではないでしょうか？　実は、雨ジミの対処法はそんなに難しくありません。「革＝水NG」という固定観念を外すと、あっさり解決するかも？

1 靴を濡らす

ホコリや靴クリームを水性クリーナーで落としたら、靴全体を濡らします。雨ジミと他の部分をぼかし、全体を均一化します。部分的に濡れることが雨ジミの原因です。

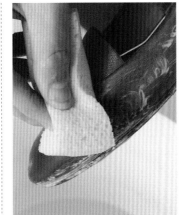

3 流す

ひと通りサドルソープで洗浄したら、次はすすぎです。濡れたスポンジなどで、泡を流しましょう。作業するときに、バケツなどがあると楽にできます。

2 洗浄

全体が濡れたらサドルソープで洗浄します。このときも、雨ジミの箇所だけを洗うのではなく、靴全体を洗うようにしましょう。シミが全体に希釈されます。

4 乾拭き

すすぎが終わったら、乾いたタオルなどで水気を拭き取ります。全体の水気が取れたら陰干しをして作業は終了です。乾燥後は乳化性クリームで保革。

■ 必要なアイテム *Just Item*

Special item

サドルソープ

皮革用石鹸。「サドル」とは英語で「鞍」のことで、元々馬具を洗うための石鹸です。昔から革靴の洗浄にも愛用されています。

Point

1 濡らす目安

靴全体の色が濃くなるのが目安です。土砂降りの雨に打たれた靴くらいに濡れていれば、全体に水が染み渡っている目安になります。

2 サドルソープの使い方

サドルソープは、容器で泡立ててから靴に塗布するようにしましょう。写真のように、ブラシがしっかりと浸る程度まで泡立てれば大丈夫です。

ゴムソールの
汚れ

カジュアルに履けるので、日ごろから酷使されるのがスニーカーの宿命。使用頻度が高ければ、当然ソールもすぐ汚れます。ソール付近は汚れることが前提なので、汚さない工夫よりも、汚れを落とす方法を知っておくことのほうが重要です。こまめなお手入れで、長くきれいに履きたいものです。

■ 手順 *process*

1

準備

鏡面磨きと同じように、布を指に巻きつけ水性クリーナーを適量染み込ませます。生地をピンと張って、接触面の感触が分かるようにしましょう。

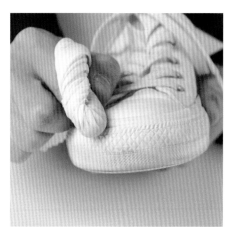

2

クリーニング

汚れている箇所をクリーナーで洗います。汚れが落ちづらい場合は、布の面を替えながら根気よく繰り返します。部分的に白くなりすぎたら、全体もクリーニングします。

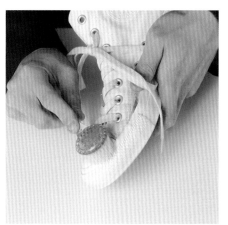

3

ブラシで除去

専用のブラシを使うこともおススメです。布よりも効率よく、スピーディに汚れを落とすことができます。最後は、クリーナーを拭き取って終了です。

■ 必要なアイテム

水性クリーナー

革靴のケアでも登場した皮革用のクリーナーですが、革のクレンジング同様、ラバー部分の汚れにも有効です。

Special item

クリーニングブラシ

ブラシ面が小さく、スニーカーの細かいところでも効率よく磨くことができます。もし余裕があれば持っておきたいアイテムです。

スニーカーと長くつき合う方法

メンテナンスができないというイメージが強いスニーカー。アクティブな場面で履かれることが多いので、他と比べても汚れやすくダメージを蓄積しやすい靴です。大半の人が、スニーカーの寿命を縮めるような履き方をしていますし、人によっては履きつぶすことを前提に汚れてもお構いなしということも少なくありません。とはいえ、お気に入りの1足は、できるだけ長く履きたいですよね。革靴のような修理ができなくても、日ごろ履き方に注意してケアをすれば、長持ちさせることができます。

例えば、革紐をしっかりと結ぶこと。靴紐をゆるく結んで履くと、靴の中がダブついて余計なシワが増え、履き口も広がってしまい、短期間でヨレヨレに型が崩れてしまいます。こういうちょっとした意識の積み重ねでスニーカーの寿命は変わっていきます。

1 新品にスプレー

靴をおろす前に、まずは防水・撥水スプレーをかけましょう。汚れや水気をはじくことで、靴が傷む原因を事前に予防することができます。スプレーは30センチほど離して表面が軽く濡れる程度かければ大丈夫です。円を描くようにするのがコツです。

2 履いたら乾燥させる

履いた翌日は丸1日玄関に出しておいて、乾燥させてからしまうようにしましょう。雨の日は乾くのに2〜3日かかることもありますが、しっかりと乾かすことが大事です。こうすると型崩れや色あせを防げて、良いコンディションを長期間保てます。

3 丸洗いも重要

ナイロンやキャンバスなどの素材でできているスニーカーであれば、水洗いも大切です。紐と中敷を外し、洗剤の指定がないか洗濯表示を確認して洗濯しましょう。もし洗濯表示がなければ、スニーカーを水で浸して中性洗剤で洗うとよいでしょう。

スエード・ヌバックの ガンコ汚れ

ブラッシングでは落ちないしつこい汚れがあるときは、消しゴムタイプのイレイサーが有効です。微粒子のゴム素材を柔らかく固めているので、ソフトで素材を傷つけにくいのが特徴。スエードやヌバックなどの起毛皮革の汚れの落とし方では、紙やすりで汚れを削り取る方法が有名です。しかし、素材を傷つけるだけでなく革が薄くなるので、できれば専用のイレイサーを使ったほうがよいでしょう。

1

ブラッシングでは落ちない汚れ

つま先やヒールは普通に履いているだけで汚れや傷がつきやすい部分です。それだけに、汚れの落とし方は知っておくべきでしょう。

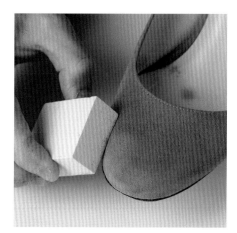

2

消しゴムタイプクリーナーを使用

普段の消しゴムと同じように汚れている箇所にイレイサーをかけていきます。写真のように黒ずんでいた箇所がクリアになります。

Special item

起毛皮革用イレイサー

柔らかいゴム粒子をブロック状に固めた汚れ除去用のアイテム。汚れをゴムに吸着させます。強く擦りすぎたり、力を入れすぎないように注意してください。色あせなどにも注意しながら使いましょう。

Column

スエード・ヌバックとのつき合い方

　温かみと高級感を感じさせる風合いで人気のスエード。いかにもお手入れが難しそうですが、基本の部分はとても簡単。

1 履きおろす前にスエード専用の栄養・防水スプレー
2 履く度にブラッシングと栄養スプレー
3 汚れはすぐ取り除く

この3ポイントが長持ちさせるコツです。買ったら 1 。毎日の習慣で 2 。イレギュラーなときに 3 と、それぞれの状況に応じて使い分ければ、スエード・ヌバックが長年の相棒になるはずです。

トラブル

Q&A

Q4
濡れた靴を乾かした後にすることは？

A

基本の手順に沿って、一からお手入れをしましょう。靴は素肌の状態になっているので、クリームを塗り込んで栄養分と油分を与えることが重要です。

Q1
鏡面磨きをした箇所がひび割れました

A

鏡面磨き用のワックスに含まれる油分が揮発してひび割れが生じる場合があります。水性クリーナーや、専用のワックスクリーナーなどで古いワックスを除去して、改めて鏡面磨きをすれば元に戻ります。

Q5
靴に飲み物をこぼしました。乾かせばいいですか？

A

すぐに水拭きをしてください。そのまま放置すると、シミになってしまいます。ただ濡れたの場合と異なり、油分などが含まれている場合があるので、水拭きで落ちない場合は専用のクリーナーを使う必要があります。

Q2
革のひび割れは直りますか？

A

ひび割れた革は直りませんが、目立たなくする補修や、ひび割れが広がらないようにする延命的な補修はできます。とても難しい技術なので、プロに相談しましょう。

Q6
履きジワを消すことはできますか？

A

消すことはできませんが、シュートリーやシューキーパーを入れて保革することで予防できます。

Q3
雨で靴が濡れてしまいました

A

濡れているところと乾いているところがあると、乾いたときにムラやシミができるので、あえて濡れた雑巾などで靴全体を濡らしましょう。その後、陰干しをして乾燥させます。

Q7
靴の臭いが取れません

A

臭いがある場合は、消臭スプレーをかけてから陰干しする方法があります。予防としては同じ靴を続けて履かない、消臭効果がある素材のインソールを入れるなどの対策があります。

Q8
スエードの靴にデニムの色が移りました

A

完全に落とすことは難しいですが、色移りした箇所を専用のイレイサーで擦れば色移した箇所をきれいにできます。しかし、周りの色とのバランスがあるので、様子を見ながら対処しましょう。

Q9
新しい靴を買ったら靴擦れがします

A

靴擦れが起きている箇所にもよりますが、まずは基本の手順に沿ってケアをしてみてください。靴クリームに含まれた保革成分で、皮革に柔軟性を与えることが有効かもしれません。

Q10
クリームやワックスの色が靴に移らないか心配です

A

色つきの靴クリームなどは、どうしても色移りをしてしまいます。服と触れる部分はレザー専用の無色の靴クリームを使って、しっかりと乾拭きをするなどすれば軽減できます。

Q11
革底を減りにくくする方法はある？

A

革底が乾燥しているとソールの減りは早くなります。革底専用ローションなどで、ソールに潤いを与えることが効果的です。

靴だけじゃない
革と楽しくつき合っていくために

革靴だけでなく、財布やキーホルダー、バッグなどの小物類。

あるいはレザージャケットなどの衣類と、皮革アイテムとの親しみ方は人それぞれ。

ここまで紹介してきたお手入れ方法を応用すれば、それらとも楽しくつき合っていけます。

お気に入りの小物が壊れる前に
簡単でもいいので、
革の基本のお手入れを

革のお手入れという点では、本革であれば、靴でも小物類でも衣類でも、基本的に同じです。潤いと栄養が与えられていれば、良い状態は保たれます。例えばレザージャケットですが、着用して動き回るので革が割れたり切れたりすることが多いですよね。そうなる前に、そんなに手をかけなくていいので、普段から基本的な革のお手入れをすればいいんです。ただ気をつけたいのは、衣類や小物類は身の回りで密着することが多いということ。着たり、肩からかけたり、手に持ったり。そうすると、服に色がつくのでカラークリームやロウが強いクリームは使いづらい。逆に靴は、条件の悪い地面と接します。ぶつかったり傷がついたりする可能性が大きい。だから、油分やロウ分がしっかり配合された靴クリームで丈夫に保つ必要があるんです。それに対して衣類や小物類は、油分が少ないデリケートクリームを使って潤いを与えていきます。そうするとすごく長持ちします。革のソファなども同じですね。

Chapter 3

レザージャケット

革靴と並ぶ皮革製品といえばレザージャケットでしょう。フォーマル、カジュアルを問わず着こなせて、着込むほどに味わいが増す人気アイテムです。日々のお手入れを怠ると、すぐに劣化するので気をつけましょう。レザージャケットでも基本的な考え方は同じです。汚れを落とす、栄養を与える、磨く。この基本を意識して、靴との微妙な違いをお伝えします。

▓ 手順 *process*

1 ブラッシング①

革靴同様、まずはホコリや汚れをブラシで落とします。靴と比べて面積が広いので、大きく動かして全体にブラシをかけることを意識して。

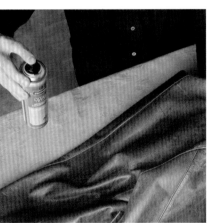

2 保革する

広範囲に効率よくクリームを塗布するには、スプレータイプがおススメです。30センチほど離して、全体に塗布できるようにしましょう。

3 ブラッシング②

保革スプレーがなじむように、再度ブラッシングします。擦れている箇所や、ちょっとした傷などに潤いを与えて、修復するように意識しましょう。

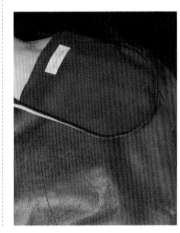

4 仕上げ

仕上げに布で磨きます。軽い力でツヤを出すことを意識しながら磨きましょう。お手入れが行き届いていると初めのブラッシングでもツヤが出るようになります。

▓ Before

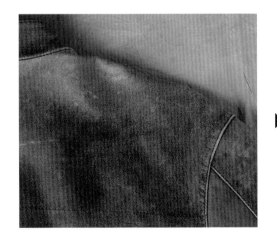

肩口は、バッグを担いだりすることから、とても擦れやすい箇所です。丁寧に着ていてもダメージを受けやすいのでお手入れを欠かさないようにしましょう。

▓ After

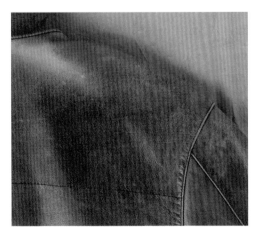

しっかりと水分と栄養分が補給されれば、ツヤと潤いが戻ってきます。色あせが発生している場合は、レザー用補色クリームなどを塗ってカバーすることをオススメします。

レザーバッグ

革靴と同じように、ビジネスパーソンにとって欠かすことができないツールが、革のカバンでしょう。仕事で使っていると、地面に置かれたり壁にぶつかったりと、ダメージが蓄積されていきます。革靴ほどではないにしても、日ごろのお手入れが大事なアイテムです。月に一度程度で構わないので、革靴と同じようにケアしてあげましょう。苦楽をともにする相棒を労ってください。

1

ブラッシング①

全体のホコリや汚れを落とします。四隅やポケット、パーツの縫い目部分など、ホコリがたまりやすい箇所を見逃さないように気をつけましょう。

2

クリーム塗布

適宜、レザークリームを塗布していきます。四隅や底部などは接触が多く擦れやすい箇所なので、入念にチェックして擦れていたら重点的に塗りこみましょう。

3

ブラッシング②

クリームを全体になじませるためにブラッシング。余分なクリームを除去し、表面のクリームを深部に塗りこみ、革に頑丈さと柔軟性を与えます。

4

仕上げ

ブラッシングが済んだら、布で磨きをかけます。できれば、布はグローブ型の専用のものを使うことをおススメします。作業しやすく効率が上がります。

■ **Before**

パッと見はきれいですが、アップで見ると少しシワが目立ってきています。お手入れをするにはよいタイミングです。

■ **After**

おろしたてのようなツヤがありながら、新品にはない深い色合い。日々お手入れを続けると唯一無二の魅力を持ちます。

革小物

革小物といえば、財布や手帳カバーにキーケース、最近ではサコッシュなども人気で、その選択肢はどんどん広がっています。身近なアイテムに皮革製品を選ぶと、年々味わいを増してく様に愛着を覚えるはずです。ぜひ革靴と同じように、日ごろのケアを怠らず大切に扱ってください。どんなさいなアイテムでも、5年10年とつき合える相棒になってくれます。

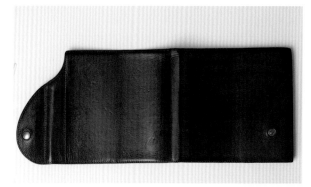

ケアを施した面（左）とそのままの面を比較すると、ツヤが明らかに違います。

1 ブラッシング①

他の皮革製品同様、まずはブラシでホコリや汚れを落としましょう。革のお手入れは、すべてこの作業から始まります。

2 クリームを塗布

栄養を与えるために、ローションタイプのクリームを塗り込みます。使ううちに油分が減るので、定期的にロウを与えましょう。

3 ブラッシング②

全体にクリームがなじんだらブラシでツヤを出していきます。

4 仕上げ

最後は柔らかい布で乾拭き。靴に限らず、皮革製品は、基本的にはこの工程でケアをしていけば、長く使い続けることができます。

Point

1 ローションタイプの特徴

乳液状で全体に広がりやすくなじみやすいので、短時間で作業したい場合におススメです。ただ、クリームタイプと比べるとツヤ出しが劣ります。

2 クリームタイプの特徴

油分が多く、全体に広がりづらく、なじませるのに時間がかかります。その代わり、磨けば磨くほどツヤが出るので高級感を出したい場合は重宝します。

靴磨き Q&A

Q1
一度も手入れをしていない靴を初めて磨くときの注意点は？

A

出荷時に塗られていたクリーム、ワックス類が古くなっていることと、革が乾燥している可能性があります。しっかりとお手入れの基本の手順に沿ってケアしましょう。

Q2
光らせる靴と光らせない靴の違いは？

A

フォーマルな靴は光らせ、カジュアルな靴は光らせないという傾向があります。しかし決まったルールがあるわけではありません。

Q3
バックルなどの金具の手入れの仕方は？

A

普段は乾拭き程度で大丈夫です。どうしてもくすみが気になるときは、金属磨き用のクロスなどで磨いたりしてください。

Q4
靴磨き用のブラシは手入れがいる？

A

特に必要はありませんが、豚毛はクリームがついたまま放置すると固まってゴワゴワになり磨きづらくなります。クリームを適量にすればブラシがゴワつくことはありません。「洗わずにブラシを育てる」ことを心がけましょう。

Q5
靴紐が劣化してきたら？

A

革靴に使われている細い丸紐や平紐は、洗うと劣化が進行するので、汚れや痛みがひどい場合は新調することをおススメします。スニーカーの紐は洗えばきれいになります。

Q6
インソールを洗濯しても大丈夫？

A

素材の性質上、インソールは洗濯機に入れないようにしましょう。型崩れの原因になります。除菌ミストやスプレーをした後に、半日ほど陰干しすれば除菌・消臭ができます。

Q7
革底のお手入れの仕方は？

A

基本は保革です。革底に潤いがなくなると、歩く度に皮革の繊維が切れやすくなるなど、デメリットが大きくなります。革底用のクリームを使いましょう。

Q8

コバ部分のお手入れの仕方は？

A

一般的にはコバインクとよばれる染料を塗る方法がありますが、染料ベースのコバ用のクリームもあります。保革性を考えると、クリームのほうがよいでしょう。

Q9

革底を濡れないようにしたい

A

ミンクオイルなどを塗る方法がありますが、そうすると滑りやすくなります。防水性を高めても水は浸透してきます。革底仕様の靴は、ハーフラバーなどを貼ることが有効です。

Q10

撥水加工されたスエード靴のお手入れ方法は？

A

加工されたものでも基本的なお手入れは同じです。汚れやホコリが付着し、油分が抜けると劣化が進むので、ブラッシングして栄養分のある防水・撥水スプレーをかけましょう。

Q11

ブラシに色がついたのですが、洗っても大丈夫ですか？

A

洗うことはおススメしません。色の付着は、ツヤの出やすいブラシへと育っている状態のサイン。ブラシが育ってきたら、忙しいときはクリームを塗らずにブラッシングするだけでも効果が出るはずです。

Conclusion

おわりに

日本では「おしゃれは足元から」といわれ、イタリアには「靴はその人の人格を表す」という諺があります。靴に関する格言や諺はたくさんありますが、日本は、ややファッション寄りの印象で、逆に欧米では、人生感や運気につながるものが多いように感じます。私は職業柄、靴の人間観察をしてしまうことが多いのですが、汚れた靴を履いている人は印象が悪く、きれいに磨きこまれた靴を履いている人は印象が良いというのは概ね間違いないと思います。

靴磨きの仕事をしていく中で、おしゃれや印象以外に、靴は人生観や運気等に通じていることに気づきました。実際に、成功している人や幸福感が高い人にお会いすると、靴がきれいな人が多いのです。弊社の工房に大事な商談等の前に靴を磨きに来る方がいるのは、きれいな靴と運気が結びついていることを知っているからなのでしょう。そして、靴を磨かせていただいた方々から、「靴磨きのおかげで、商談の結果が良かったよ」などの嬉しい報告もあり、靴磨きと運気や成功が密接であると感じています。また、近年では国連サミットで採択されたSDGs（持続可能な開発目標）の意識が日本でも高まっていますが、靴磨きや靴のお手入れは、1足の靴を長く使うために行う靴磨きという行為を、評価していただくことがあります。その気運はますます高まっていくことでしょう。

このように靴磨きは、その小さなアクションの中にファッション、運気、成功、SDGsなど多くの要素が詰まった、人にとってとても大切な行為であると自負しております。今後は、靴磨きの技術だけでなく、人生観や精神的な面での良い意味も含めて、その大切さが人の心に価値観として定着することを願ってやみません。

静 邦彦
（株式会社 R&D 常務取締役）

取材協力

株式会社 R&D

写真提供

フォトライブラリー

参考文献

『靴磨きの教科書　プロの技術はどこが違うのか』
（毎日新聞出版）

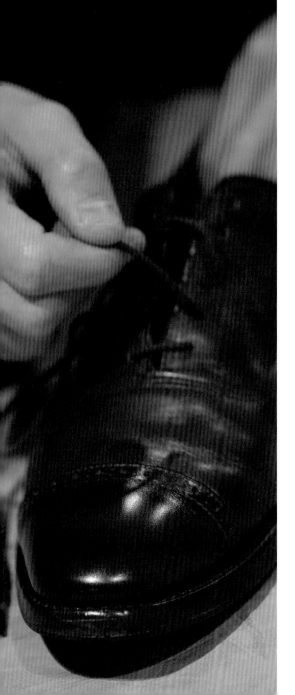

静 邦彦
（株式会社 R&D 常務取締役）

1969年、東京都生まれ。シューケアブランド「M.MOWBRAY（エム・モゥブレィ）」を始め、国内外の皮革ケア関連用品を取り扱う株式会社 R&D の常務取締役を務める。靴磨きやレザーケアに関する卓越した専門知識を持つプロフェッショナルとして、靴磨きの価値を高めるべく業界全体を巻き込んださまざまな活動を通じて革製品販売への様々なサポートを手掛けている。

STAFF

編集　坂尾 昌昭、小芝 俊亮、山口 大介（株式会社 G.B.）
写真　天野 憲仁（日本文芸社）
デザイン　別府 拓、市川 しなの（Q.design）
DTP　G.B.Design House

自宅でできる 一流の靴磨き

2020年6月1日　第1刷発行

監修者　静 邦彦
発行者　吉田芳史
印刷所　株式会社 光邦
製本所　株式会社 光邦
発行所　株式会社日本文芸社
　　　　〒135-0001　東京都江東区毛利 2-10-18 OCM ビル
　　　　TEL 03-5638-1660[代表]

内容に関する問い合わせは、小社ウェブサイト
お問い合わせフォームまでお願いいたします。
URL https://www.nihonbungeisha.co.jp/

©NIHONBUNGEISHA 2020
Printed in Japan 112200515-112200515 Ⓝ 01 (201080)
ISBN978-4-537-21798-8
編集担当　上原